中国超级工程丛书

CHINA'S MEGA PROJECTS

翱翔蓝天：航空传奇C919

总顾问　聂震宁　陈　云

总主编　杜彦良

主　编　陈　馈　干江卡　周　蓓

河南科学技术出版社

·郑州·

图书在版编目（CIP）数据

翱翔蓝天 ：航空传奇 C919 / 陈馈，王江卡，周蓓主编． -- 郑州 ：河南科学技术出版社，2025. 1. --（中国超级工程丛书）． -- ISBN 978-7-5725-1703-7

Ⅰ． V271.1-49

中国国家版本馆 CIP 数据核字第 2024AS6706 号

翱翔蓝天：航空传奇 C919 

出版发行：河南科学技术出版社

地址：郑州市郑东新区祥盛街 27 号　　邮编：450016

电话：（0371）65788613　65788642

网址：www.hnstp.cn

出 版 人：乔　辉

策划编辑：牟　斌　刘燕芳　王志强

责任编辑：慕慧鸽　牟　斌　王志强

责任校对：耿宝文　徐小刚

整体设计：小红帆　祺虎平面

插图绘制：姜　雨　王美伦　赵博文

责任印制：徐海东

印　　刷：涿州市京南印刷厂

开　　本：787 mm × 1092 mm　1/16　印张：4　字数：100 千字

版　　次：2025 年 1 月第 1 版　2025 年 1 月第 1 次印刷

定　　价：49.80 元

“中国超级工程丛书”编委会

谨以此书献给可爱
可敬的工程建设者们

PREFACE／前言

科技如春风拂面，赋予世界勃勃生机，改变着世界。

如今中国已是科技大国，在基建、航天等领域，我们展翅高飞，创造了令世界瞩目的奇迹。

孩子们是祖国的花朵，是未来的希望，他们见证着祖国的科技辉煌和繁荣昌盛。编著这套图书的初衷，便是让每一个孩子都能领略到工程科技的魅力，感受到工程师的智慧。孩子是天生的小探险家，对世界充满了好奇与渴望。那些卓越的大国工程，对孩子们来说或许有些“高深莫测”，但请相信，我们将用生动、有趣的笔触，将它们呈现给孩子。在这套书中，我们将一起目睹中国高铁的疾驰如飞、大桥的横跨天堑、航天科技的梦幻传奇等。这些工程背后的国之匠心，是工程师们一次次的坚守担当，是他们托举起了强国建设、民族复兴的伟大梦想。

让我们共同翻开这套书，踏上一段奇妙的超级工程之旅。愿孩子们在阅读中收获知识，启迪心灵，培养科技素养，从小增强自信，成为新时代的杰出人才！愿孩子们在未来的日子里，绽放出属于自己的光芒，书写属于自己的传奇！

编者

2024年7月

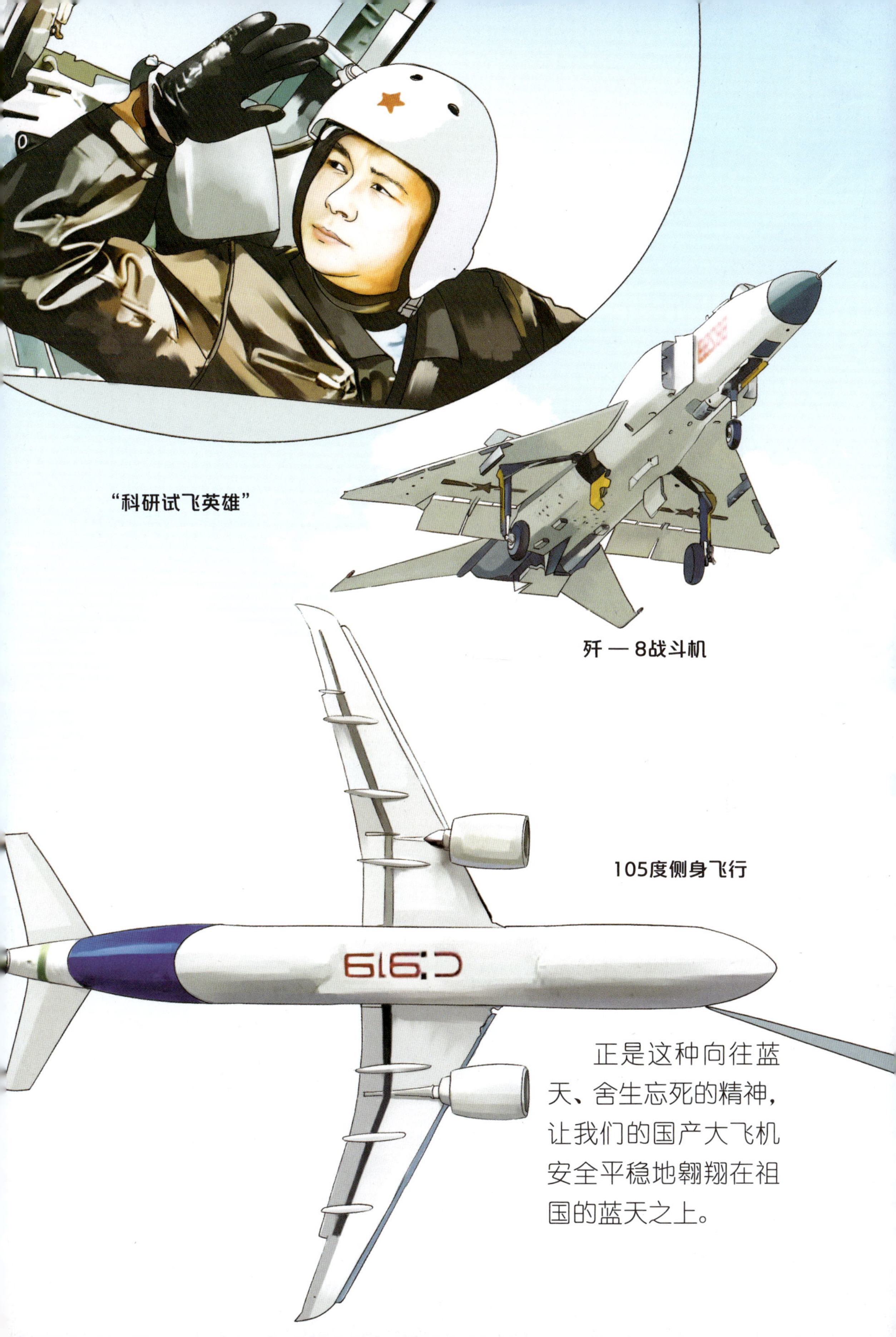

“科研试飞英雄”

歼—8战斗机

105度侧身飞行

正是这种向往蓝天、舍生忘死的精神，让我们的国产大飞机安全平稳地翱翔在祖国的蓝天之上。

拥有自主知识产权的商用客机 C919。

勇于奉献的航空人才

飞机造好后，首先要进行试飞，以测试各方面的性能。从未知到已知的探索，必然是一个冒险的过程。试飞时，飞行员可能会遇到各种突发情况，如果处理不好就会机毁人亡。

1977年6月13日，试飞员王昂驾驶歼-8确定高空加力的边界。没想到，试飞过程中战机突然失去了动力，以惊人的速度下坠。这时他本可以选择弃机跳伞逃生。但是那个年代我们国家比较困难，只有4架歼-8。在命悬一线的生死时刻，为了保住飞机，他选择放弃跳伞的机会。

他竭尽全力调整飞机的姿态，驾驶着一架没有动力的飞机，从距离机场140千米处飞回了机场，这已经是超越极限的努力了。王昂凭借坚定的信念和专业的素养完成了试飞任务。

C919是客机，其性能关系到众多旅客的安全，因此试飞组必须完成上百个项目。其中包括大坡度滚转105度测试、自然结冰测试、高温高寒测试等。试飞员需要辗转各个飞行基地，从冰天雪地的海拉尔到酷热难耐的吐鲁番，可谓上刀山下火海，经历了九九八十一难。

C919首飞机长

飞行员是一个专业度很高的行业，飞机设计也同样如此。虽然这两种职业都和飞机有关，但两者在以前通常没什么关联性。偏偏有这样一个人想要打破这种现状。

在学习飞行理论和技能的课堂上，人们常常能从众多20多岁的年轻人中看见一位50多岁的老人，像他们一样，他早上七点钟排队，和大家一起到外场训练。其实，这位老同志学开飞机，不是为了赶潮流，而是为了更好地设计飞机。

他就是C919的总设计师吴光辉院士。尽管他对飞机设计已经了然于心，可是，只有学会开飞机，才能切实体会到驾驶飞机的感觉，才能真正了解飞行员关心的是什么，才能知道怎样让飞行员更喜欢开C919。同时，他也可以站在飞行员的角度，对飞机设计中的问题进行评判，进而采取最佳决策。

就这样，为了把工作做到极致，总设计师吴光辉院士像学生一样刻苦钻研。没有时间上理论课，他就下载APP，用空余的时间学习。在取得私用飞行执照后，他又开始学习商用飞机的飞行知识，永远在获取新知识的路上。

中国航空事业的快速发展，离不开一代又一代航空人的辛勤付出和无私奉献。他们秉持着精益求精的态度，对每一个细节都深入研究，对每一项技术都反复推敲，力求在性能、安全、可靠性等方面达到国际先进水平。这种对技术的极致追求，使得中国航空事业在短短几十年内就取得了举世瞩目的成就。

C919

目录

爷孙两人看飞机

小孙子指着飞机对爷爷说："快看，爷爷，飞机场满是各种各样的飞机，有的准备起飞，有的刚刚降落，这些飞机把乘客带往世界各地，太有趣了。"爷爷笑呵呵地回答："等一会儿，就会有一架我们国家自己制造的飞机 C919 起飞，这架飞机今天第一次载客飞行。"

C919 首次商业飞行路线

2023 年 5 月 28 日 10 时 32 分，中国东方航空的 MU9191 次航班准时从上海虹桥机场起飞，当天 12 时 31 分顺利在北京首都国际机场降落，这是 C919 大飞机首次商业载客飞行。

C919 的空中体验

130 多名旅客首次体验了国产大飞机的空中之旅，共同见证了这次了不起的历史飞行。

惊艳载客首飞，震撼“成人礼”

小孙子问爷爷：“为什么大家看到 C919 首次商飞都这么兴奋啊？”爷爷说：“飞机首次商飞就像人长大了完成‘成人礼’一样，从现在开始，中国的蓝天上有自己的大客机了。这是一件多么令人激动的大事啊！”

你知道吗？

什么是“过水门”仪式

“过水门”仪式类似于国外的“军刀拱门”仪式。仪式因两辆或两辆以上的消防车在飞机两侧喷射水雾时，会出现一个类似拱门的造型而得名。这一项仪式寓意“接风洗尘”，是国际民航中最高级别的礼仪。

国际民航业中一般有五种情况会举行隆重的“过水门”仪式：航空公司新开航线的首飞，航空公司的新机型、新飞机的首航，某机型、飞机退役，某资深机长及交通管制员等退休，以及其他重大纪念活动等。

C919 一飞冲天，首次成功商飞，标志着全球航空市场将由原来的空客（Airbus）和波音（Boeing）两家公司双雄争霸，进入空客、波音、中国商飞（COMAC）ABC“三国杀”的全新时代。

“过水门”

C919 飞机平安降落北京首都国际机场，穿过象征民航最高礼仪的“水门”，现场画面壮观，具有强烈的仪式感。乘客在 C919 上沉浸式观看“过水门”的震撼场面。

像鸟一样飞翔——飞机的发明

“爷爷，飞机是什么时候发明的啊？飞机都有多少种？飞机是由什么组成的啊？”小孙子好奇地问。“你的问题还真多，那我们就一起去了解一下飞机的历史吧！”爷爷笑着说。

飞机是 20 世纪初的重大发明之一，一般是由机翼、机身、发动机等组成的。

按发动机种类划分，飞机分为螺旋桨飞机和喷气式飞机；按起落装置的形式分类，飞机可分为水上飞机、陆上飞机和水陆两栖飞机。

飞行者 1 号

飞机的发明

1903 年，莱特兄弟驾驶着自己制作的飞机“飞行者 1 号”，开始了人类有史以来首次可操控的动力飞行实验。

1909 年 9 月，冯如制造出中国人自己的第一架飞机“冯如 1 号”并试飞成功，这标志着中国航空史的开端。

喷气式飞机

喷气式飞机是使用喷气发动机作为推进力的飞机，其发动机靠燃料燃烧时产生的气体向后高速喷射的反冲作用使飞机向前飞行。高空飞行时机舱内气压降低，喷气式客机大部分都配置有加压舱。

水上飞机和陆上飞机都是由机身、机翼、发动机等部件构成的。不同之处在于它们的起落装置，水上飞机是用特殊设计的船身型或浮筒实现水面滑行的，陆上飞机的起落则依靠带有轮胎的起落架。当水上飞机停泊在水上时，宽大船体所产生的浮力，就会使飞机成为一只可以在水上滑跑的“航船”。

水陆两栖飞机

水陆两栖飞机在水面和地面上都可以起降。水陆两栖飞机在机身或浮筒上装有可收放的起落架，在水上起降时收起，在陆上起降时放下。

螺旋桨飞机

螺旋桨飞机利用螺旋桨转动时产生的动力，将空气向飞机后方推动，同时飞机受到反作用力，向前飞行。

水上飞机

水上飞机起飞时，螺旋桨发动机产生的拉力，就会拖着它在水面上快速滑跑，从而把飞机从水面上逐渐托起来，成为空中飞行的“航船”。

有趣的飞行原理

“爷爷，为什么飞机那么重，能在天上飞来飞去，还能载着我们飞向不同的地方，而我们人比飞机轻多了，却怎么飞不起来啊？”小孙子纳闷地问。“哈哈，你这个问题问得好！”爷爷大笑着说。

飞向蓝天的氢气球

小朋友们都玩过氢气球，一撒手氢气球就飞上天了，这是因为氢气球内部填充的气体是比空气密度小的氢气，所以氢气球能够轻松飞上天空。

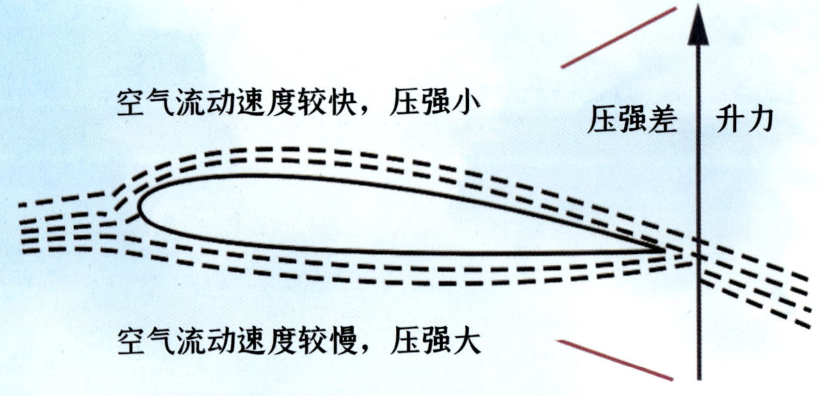

飞机是怎么飞上天的?

飞机是借助于发动机向前的推力及机翼产生的升力而在大气层飞行的航空器。当发动机引擎推动飞机滑行的时候，机翼上方空气流速大、压强小，下方空气流速小、压强大，形成向上的压强差，即产生了向上的升力，这样飞机在跑道上滑行一段时间后，有了足够大的升力，飞机就飞起来了。

“破茧化蝶”——五十年的大飞机梦

机场的风把爷爷的白发吹得有些凌乱，爷爷抬头看着天空中飞远的C919大飞机，对小孙子说：“爷爷给你讲讲我们国家大飞机的历史吧！”“好啊！我最爱听爷爷讲大飞机的故事了。”小孙子拍着手说。

我国的航空研发和制造业是从无到有，逐步发展起来的。20世纪60年代，欧洲媒体说：“中国是一只没有翅膀的雄鹰。”虽然那个时候我们可以生产战斗机和运输机，但是生产民用大飞机还真没敢想过。

运-20

运-20是大型的多用途运输机，有飞行距离长、载重量大、速度快等特点。

歼-20

歼-20采用了双发、双垂尾、鼓包式进气道及上反鸭翼的鸭式气动布局，大边条及翼身一体式设计。

直 -20 ▶

直 -20 具备全域、全时、全复杂气候环境出动能力，同时具有较大的扩展兼容性，可以执行运输、携带导弹和后勤支援等任务。

▼ **运 -5 运输机家族**

运 -5 运输机是我国自主制造的第一种多用途飞机。运 -5 主要用于运输、训练、航拍及农业活动等任务。

为了给“雄鹰”插上翅膀，中国人开始了国产大飞机的逐梦之旅。

从运-10飞机开始，中国开始研制大飞机，2008年ARJ21客机首飞成功。ARJ21是100座以下的支线客机。C919客机才是我国第一款真正意义上的民航大飞机，也是我国自主研发的新一代喷气式干线客机。

▲ **C919**

2023年，经过上百次的试飞后，C919客机“一飞冲天”，成功地敲开了市场化的大门，经历了50余年的艰难历程，中国的大飞机终于“破茧化蝶”，梦想成为现实。

你知道吗？

军用飞机和民用飞机大不同

军用飞机和民用飞机是有区别的。军用飞机是执行军事任务的，它有电子对抗系统、火控系统、隐身能力，隐身是指不被敌人的雷达发现，而不是说肉眼看不见。因为要精准地打击敌人，还要把自己保护好，所以军用飞机技术含量更高一些。

民用飞机不需要和谁对抗，只要把旅客安全、舒适和快捷地送到他们想去的地方就可以了。因为搭载旅客多、起降次数多，所以民用飞机在安全和可靠性方面要求极高，对安全缺陷是零容忍的。

探寻大飞机的身世

运 -10 飞机是我国自行设计、研制的第一架大型喷气式客机。1970 年，中国航空领域的工程师们就开始摸索着研制民用大飞机，制造飞机的基地选在了上海。因为没有经验，所以工程师们遇到了很多难题。经过 10 年的努力，1980 年运 -10 首次试飞成功，飞上了蓝天，可惜那个时候，有很多难题都没办法解决，所以运 -10 的研制被停止了。

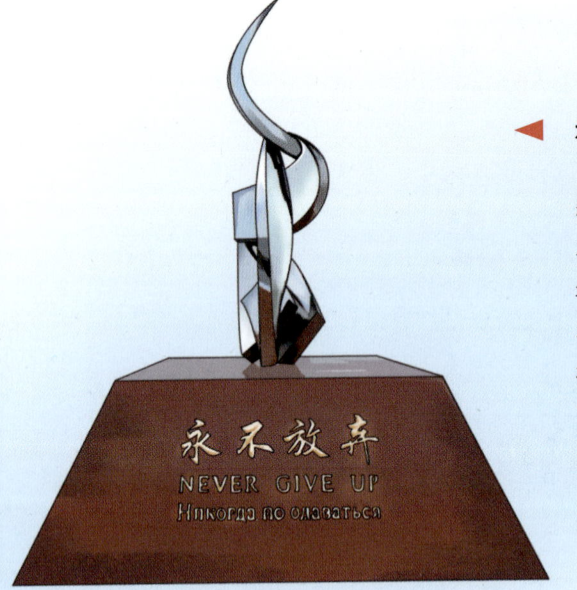

永不放弃的运 -10 精神

为弘扬科学力量、传递奋斗薪火，人们建造了一座写有“永不放弃”四个字的纪念雕塑。运 -10 飞机记录了一段历史，那是一种永不放弃的精神。正是这种精神，激励着一代代中国航空人为大飞机事业努力奉献。

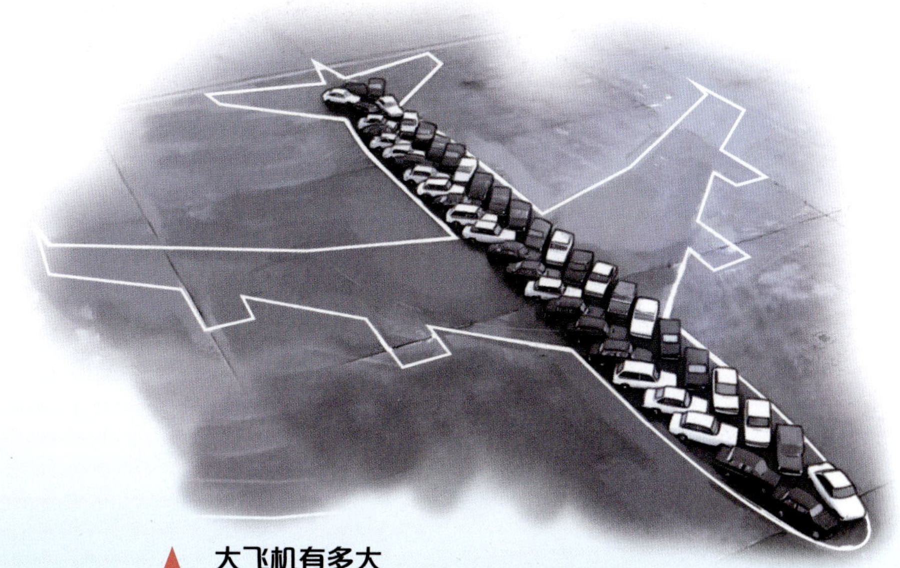

▲ **大飞机有多大**

一架大飞机的垂直投影是一个不规则图形，仅仅在机身的垂直投影里就可以放置 40~50 辆大小不一的小轿车。

大飞机通常是指大型军用运输机和大型民用客机，一架飞机要成为大飞机要满足三个条件：起飞时，包括油料、乘客、机体等全部重量要超过 100 吨；飞机里面要备有 100 个以上的座位；加满油后，飞机一次航程能飞 3 000 千米以上。

▼ **飞越“世界屋脊”的运 -10**

运 -10 飞机全长 42.93 米，机翼展开有 42.24 米宽，最大起飞重量为 110 吨，能飞到 12 000 米的高空，载客 100 人左右。1980—1984 年，运 -10 一共经历 107 个起落，155 个飞行小时，是第一架中国自行研制并飞越“世界屋脊”到达拉萨的飞机，拥有 7 次沿“死亡航线”向拉萨运送物资的辉煌经历。

国产民用飞机的探路者——ARJ21

ARJ21 喷气式支线客机，是中国按照国际标准研制的具有自主知识产权的飞机，从此，祖国的天空中第一次出现载客商飞的国产飞机。我们国家高原地区比较多，ARJ21 客机是适合高原和平原飞行的飞机。历经 12 年的时间，走完了从设计到适航认证的全部过程，中国航空工程师也积累了丰富的适航认证的经验。

大飞机有大团队

在全国，有 20 多个省市、1 000 多家企事业单位、30 多万人参与了大飞机的研制，这让 C919 拥有了“中国大脑”。

研发基地为什么选在上海浦东

上海是我国最大的工业城市，运 -10 和 ARJ21 客机都是在上海制造的，有大飞机的研制经验，所以上海就被选为国产大飞机的总部基地。

大飞机的市场有多大？以前有个说法，中国要出口 8 亿件衬衫，才能换回 1 架波音客机。

在未来的 20 年，生产 4 万架客机才能满足全球航空业的需求，4 万架飞机的总价值约 6 万亿美元。我们国家购买 9 000 架新飞机，需要 1.39 万亿美元。

大飞机承载大梦想

工程师们在飞机内部不断地调试与检修，正是他们不断的努力，才让中国大飞机翱翔蓝天。

C919 的诞生之路

从 1970 年自主研制运 -10 开始，到 2022 年 C919 成功交付，中国人的大飞机梦足足用了 52 年。C919 从立项到首航，用了 16 年。万里碧空上终于有了一款属于中国且完全按照世界先进标准研制的大型客机。

启动动力装置

2009 年，中国商飞公司正式发布首个单通道，常规布局 150 座级大型客机机型代号“COMAC919”。选定国际发动机公司（CFM 国际公司）研发的 LEAP-1C 发动机为 C919 启动动力装置。

2009

2011

详细设计

2011 年，C919 进入详细设计阶段。

2013

机身相继交付

从 2013 年开始，C919 的前机身部段、中机身部段、中后机身部段相继下线，中机身（含中央翼）、副翼部段及后机身的前段和后段亦相继完成交付。

2014

启动系统验证

2013 年 12 月 30 日，C919 大型客机“铁鸟”试验台正式投用，C919项目系统验证工作正式启动。2014 年 7 月，C919 首架机机头部段在中航工业成飞民机下线。

2015

总装下线

2015 年，CFM 国际公司首台 CFM LEAP-1C 发动机完成并交付。同年，C919 大型客机首架机在浦东基地正式总装下线。

2017

成功首飞

2017 年，C919 在上海浦东国际机场成功首飞，标志着中国航空事业进入一个新的时代。

2023

商业运营

大飞机承载着国家的意志、民族的梦想、人民的期盼。在不久的将来，中国大飞机也将成为国际航空制造市场中有力的竞争者。

举全国之力，聚全球之智

打开 C919 的外壳，内部的各种零部件映入眼帘，你会看到来自世界各国制造商的商标，这些零部件有 60% 是国产的，像发动机等一些核心部件是从国外进口的。

为什么说 C919 是我国独立自主研制的大飞机呢？因为包括机翼、机身、发动机、航程、座级的参数，以及装配的系统等，都是我国自己设计和定制的。比如，在建造一栋房子时，各种建材、装饰用料都得从市场买，但是按照开发商的思路把这些材料搭建在一起，就成了自主设计的房子，这就是系统集成。

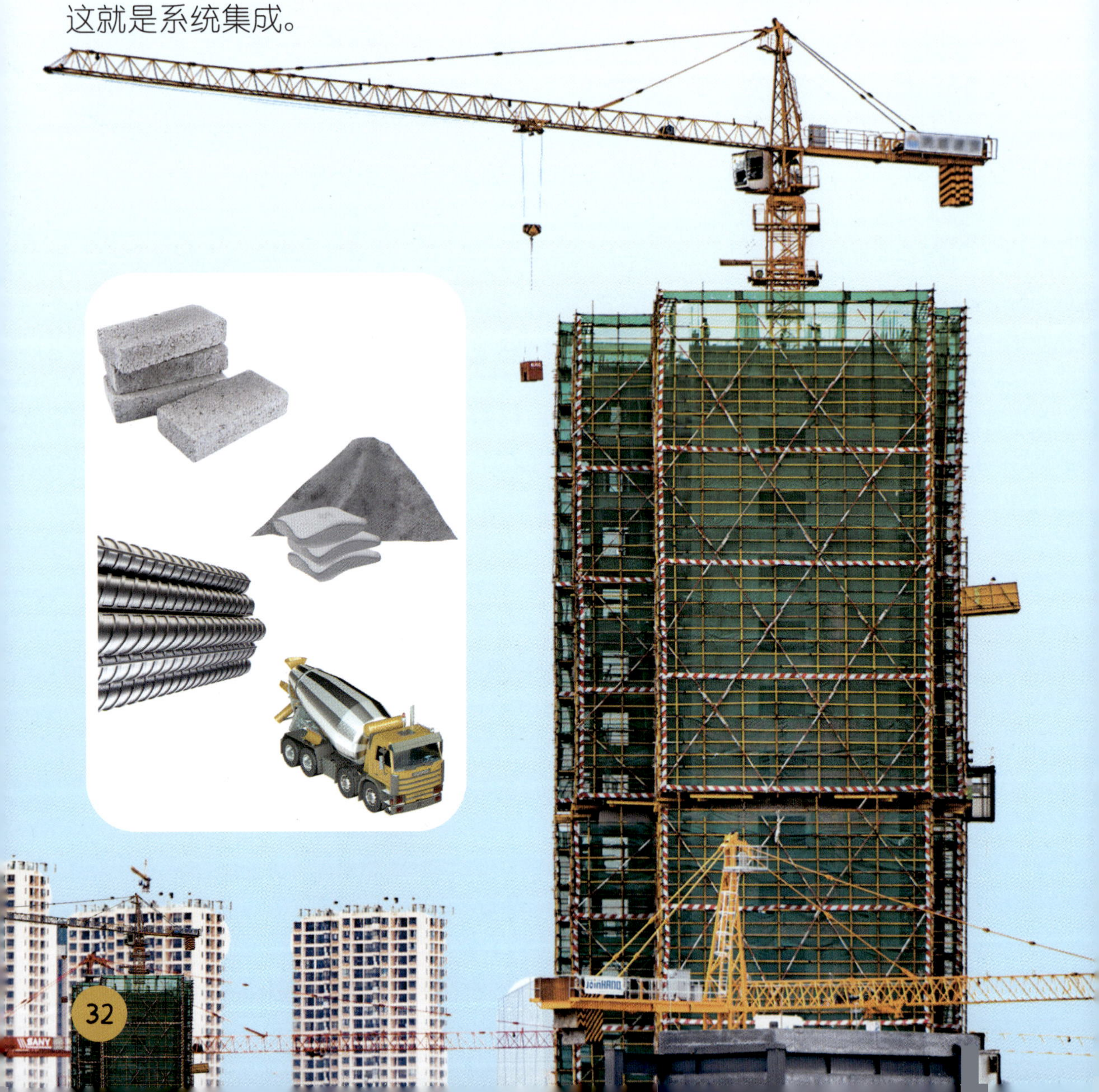

飞机也是一样。如果人们都能把买来的零部件按照自己的思路集成、组装并使其飞起来，那世界上就不会只有两家大型民用飞机制造公司了。

所以说，C919 是中国设计的，采用系统集成和国际招标的一款“举全国之力、聚全球之智”的优秀商品。

C919 的系统集成

试飞客机助取证之路

“爷爷，大飞机生产出来，旅客就能乘坐吗？”小孙子问。“哪有那么简单啊，从生产到我们能乘坐，要先建一架试飞客机，要经历‘九九八十一难’，跟唐僧取经一样，一关一关地过。”爷爷笑着说。

总的来说，一架飞机必须完整地走完“TC—PC—AC—运行合格审定”四个阶段，即拿到三大“上岗证”并完成 100 小时验证飞行后，我们才能乘坐自己的大飞机遨游蓝天。

C919 的试飞人员

试飞客机的试飞人员有主驾驶员、副驾驶员和观察员，他们都坐在驾驶舱。观察员坐在主驾驶员和副驾驶员的后面，主要是观察主、副驾驶员的操作动作有没有问题，且如果遇到特殊情况，可以指导飞行。

逃生门

机舱的地板有逃生的通道。

机组逃生窗

驾驶舱顶部有个应急逃生通道，在飞机落地后，如果驾驶员从驾驶舱门出不去，就可以从机组逃生窗出去。

应急逃生通道

有危险时，直接打开地面的门，逃生人员要背好降落伞从机身跳出去。

你知道吗？

飞机载客飞行需要满足哪些条件

三大“上岗证”：TC是指型号合格证，相当于身份证，飞机有了它才能行走天下。PC是指生产许可证，是民用飞机生产制造的“营业执照”。AC是指单机适航证，也就是单架飞机的“准生证”，交付的每一架客机都要符合民航规章、适航要求，要安全可靠。运行合格审定是指大约100米飞行小时的航线演示验证。

适航标准：“适航”的字面意思就是适合航行，这里的航行指的是民用航线飞行。为此，民航业起步较早的国家制定了严格而详细的适航标准。适航标准的每一条几乎都来自真实航线运输中的事故案例，可以说是一边飞一边总结经验而制定的规则，且不断更新。

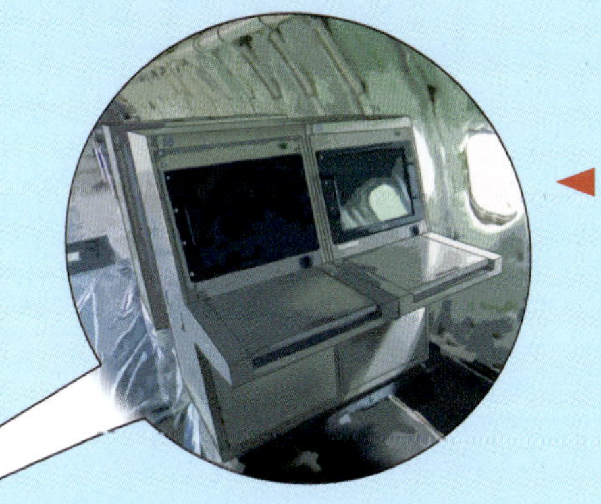

实验柜

试飞飞机和商飞载客的客机不同，试飞飞机的机舱内没有座椅，而是有很多测试机柜、监控电脑等。试飞工程师可以坐在客舱里看到很多监控画面，用来监控飞机的飞行参数。

沙袋和水桶

不锈钢水桶里装有水，是水配重系统，和沙袋一起用来调整飞机的重心，因为不同的试飞实验需要的重心位置不同，有前重心、后重心等。

飞机最怕飞鸟撞

飞机在天空中飞行的时候最怕小鸟撞击，虽然飞机的外壳厚度大约为3毫米，很结实，但由于小鸟撞击是局部冲击，破坏力很强，会直接威胁旅客和空勤人员的生命财产安全。飞机最容易被小鸟撞击的部位是机头、发动机、机翼和尾翼，鸟撞飞机试验就是通过在这几个部位进行模拟小鸟撞飞机的仿真实验来获取数据，测试飞机结构和材料的安全性。

流体

当鸟弹高速撞击测试部位的时候，会感觉小鸟像泼出去的水一样呈流体散开了。这是因为一定的压力可能会压坏骨头。鸟撞飞机产生的冲击力太大，小鸟承受不了这么大的压力，就呈现牛顿流体状态了。

小鸟呈流体特性

小鸟对飞机的威胁有多大

小鸟瞬间撞击飞机的力量非常大，足以将一架正在高速飞行的飞机撞坏。这是由于飞机的飞行速度非常快，在高速状态下迎面与小鸟相撞，冲击力也会非常大，其破坏力不亚于一枚炮弹。

鸟撞飞机的高危时段

鸟的飞行高度不会超过 8000 米，所以飞机遭遇鸟撞一般是在起飞、降落和中低空飞行的时间段，通常是高速飞行的飞机撞上正常飞行的鸟。

鸟撞飞机试验

在试验中，把鸟做成鸟弹放入炮膛中，以高速气流发射鸟弹，鸟弹以一定的速度打到试验飞机上，来检验飞机结构承受抗鸟撞击的能力。

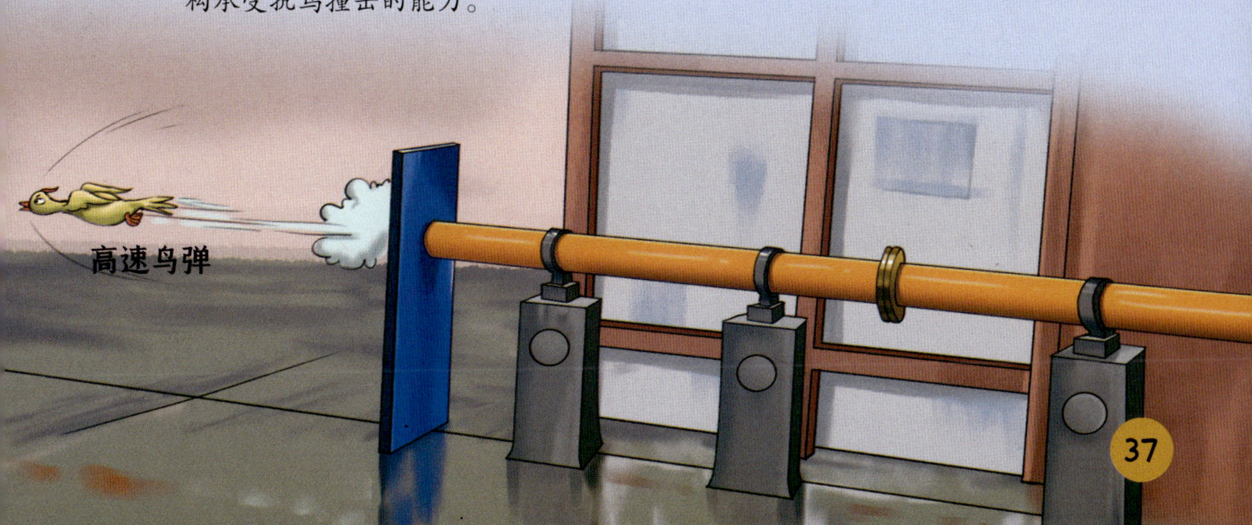

万线拉扯身不断

飞机在万米高空飞行时，机身和机翼会受到来自不同方向的强大作用力，如发动机的推力和空气的阻力，当这些力大到飞机难以承受时，就会造成机翼折断或机身破损，从而引发空难。这是个不容小觑的问题，需要飞机有刚强的筋骨，承受住这些力的“拉扯”。

150% 极限载荷静力试验是用来试验飞机能承受多大的作用力的。试验中用高于设计载荷数值 1.5 倍的力去拉扯，如果飞机还能保持完好，那么飞机的结构强度就是符合要求的。

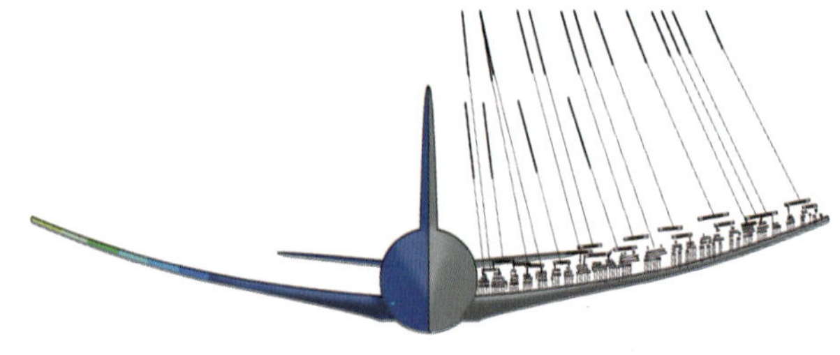

试验机

身披银色外衣的试验大飞机就是 C919 飞机 101 架机的“孪生版”。

飞机被“五花大绑”

飞机被“五花大绑”固定在架子上，机身有密密麻麻的胶布带，钢索通过穿过胶布带的钢管吊拉着这些胶布带，就好像是给机身加上无数个外力，每个外力相当于 200 吨重量产生的力作用在机身上。这些外力还称为载荷。

拉弯的“翅膀”

机身结构被连拉带扯，随着载荷不断加大，虽然飞机“翅膀”严重变了形，但其“宁弯不折”，最终通过了试验要求。

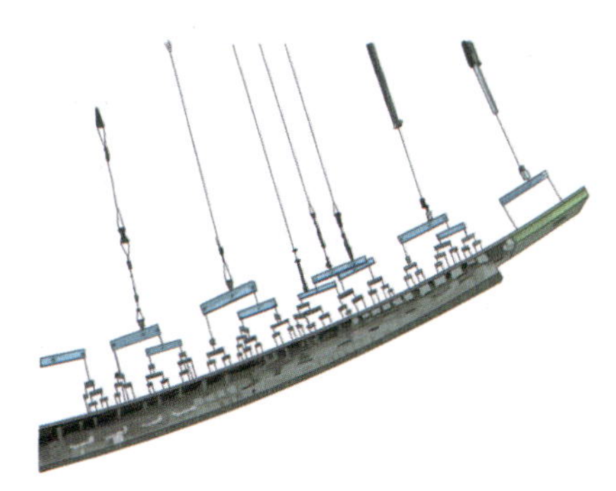

最无畏的拉杆

失速是民用飞行员不可触碰的禁区。飞机失速并不是失去速度，而是飞机姿态发生变化，飞行高度快速降低或者飞机过度振动，导致飞机失控。飞机失速时会急剧下降，十几秒掉高一二百米到上千米，机体会有裂纹、断裂甚至解体，从而发生严重事故。

失速试飞需要试飞员在飞机临界状态下不断试验出这架飞机的失速性能边界。这条边界就像是红线，未来会画在飞行员手册里。

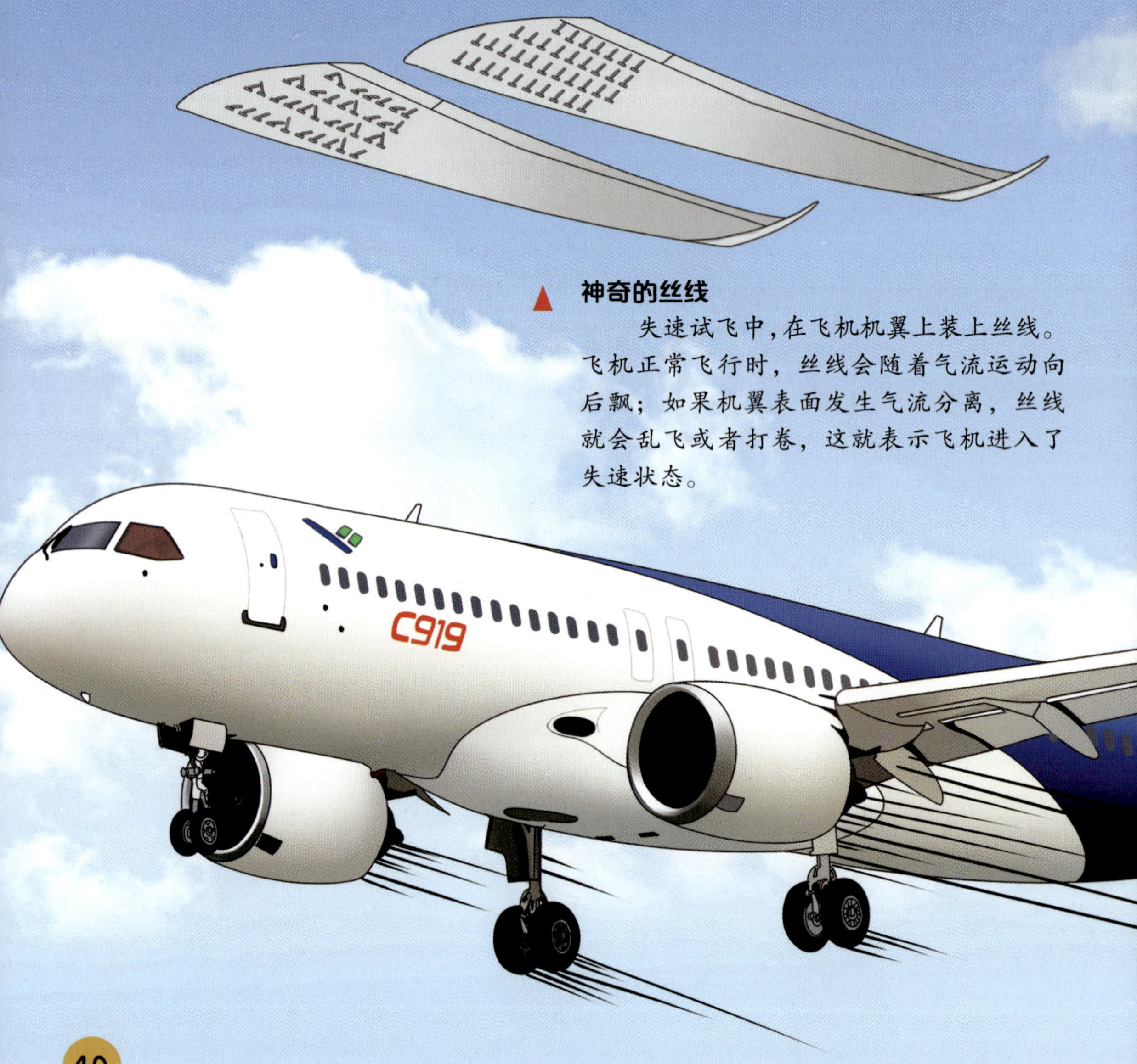

▲ **神奇的丝线**

失速试飞中，在飞机机翼上装上丝线。飞机正常飞行时，丝线会随着气流运动向后飘；如果机翼表面发生气流分离，丝线就会乱飞或者打卷，这就表示飞机进入了失速状态。

飞机翻跟头

军用战斗机在高空翻跟头是常有的事，但是民航客机要是在天空翻跟头那就不正常了，乘客也受不了。失速的飞机有可能会在空中翻跟头，也就是行业术语大坡度滚转，正常情况下滚转坡度是 66 度，而 C919 大飞机在失速试飞中可滚转到 105 度，在飞机机翼完全垂直于地面时飞机仍然是可以控制的。

工程师在飞机的
尾部装上失速伞

失速伞在高空拉回失速的飞机

失速伞被装在飞机的尾部，通过小火箭从飞机尾部打出来。失速伞的功能是把飞机从急速滚转、盘旋下降的状态拉回来，让飞机停止俯冲。失速伞相当于汽车的安全气囊，是飞机进入深度失控状态后把飞机拉回来的最后一根“救命稻草”。

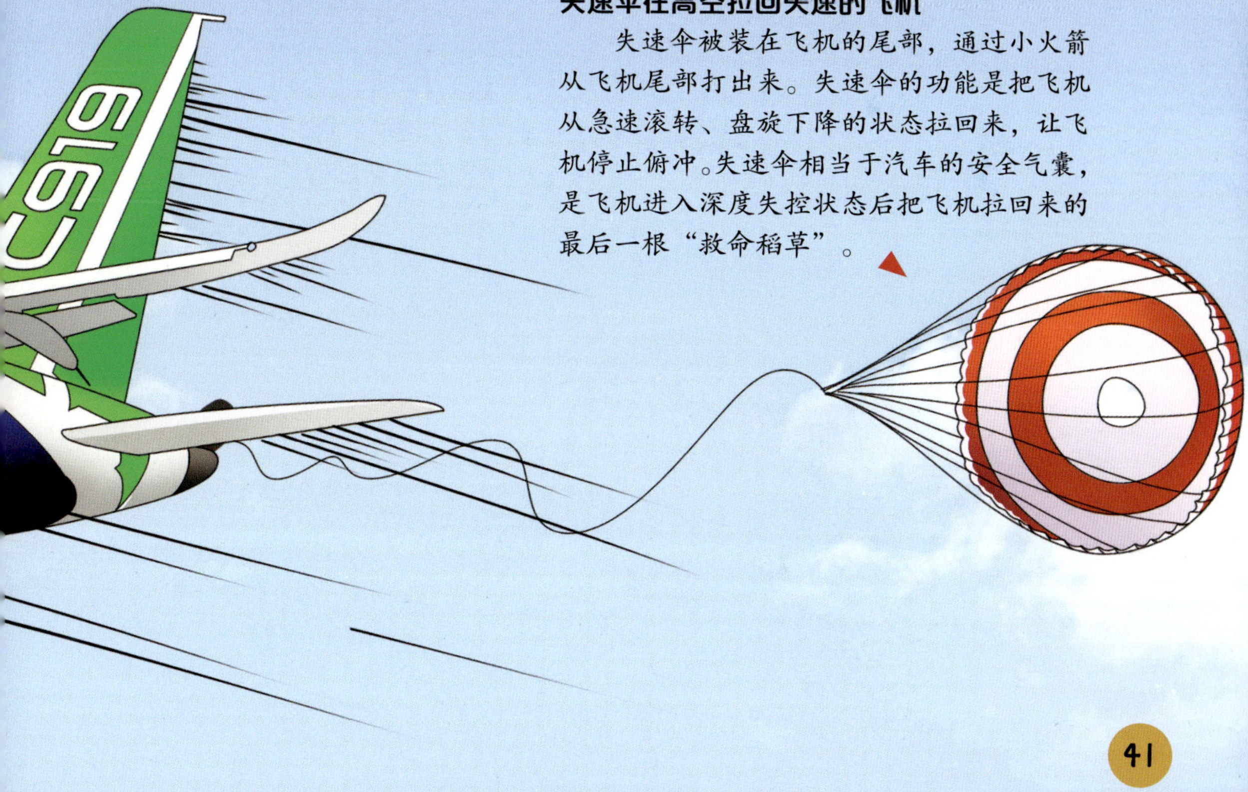

即使脚踩风火轮也要保证安全

C919 大飞机能够顺利冲向蓝天，并安全、平稳地落地，轮胎至关重要。飞机轮胎是飞机上安全性与可靠性要求都很高的重要部件，要经受住高速度、高载荷、高冲击力等考验。

你知道吗？

轮胎爆破的危害

飞机轮胎要忍受起降时高至 100℃以上的高温，以及高空中低至零下数十摄氏度的低温。同时，飞机轮胎的胎压较高，一般是汽车胎压的 6 倍。所以飞机轮胎需要有很强的负荷能力和耐热性。

刹车片实验

在最大动态下的最大刹车能量实验中，刹车片会变得通红甚至起火，起火部位只允许在起落架和轮胎附近，5 分钟内不能蔓延到飞机其他部位，这样就为乘客等人员安全撤离提供了时间。

轮胎爆破实验

让轮胎在一定的压力下爆炸，看这些碎片对飞机舱内的管道油路有什么影响。

最小离地速度实验

飞机尾部都已经着地冒出火花了，怎么还不停止飞行呢，多危险啊！实际上，这是最有挑战极限的试飞项目——最小离地速度实验，为的就是得到飞机腾空起飞瞬间的最小速度。伴随着尾橇擦地的火花，飞机腾空而起，获取了最小离地速度，为 C919 的安全画出精准的边界。

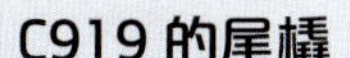

C919 的尾橇

为了获取最小离地速度，需要在机尾装上尾橇，防止飞机尾部着地，损伤飞机结构。

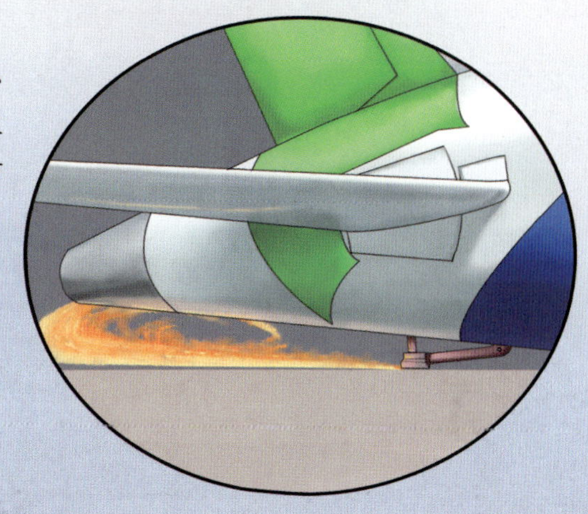

带火花的起飞

试飞的时候，飞机一边滑跑一边抬起前轮，试飞员需要轻柔地将飞机机头调高到最大限度，保持尾橇擦地，一路擦着火花起飞。如果机头抬得过高，尾橇无法保护飞机，结构将会损坏；如果抬头不够，尾橇接触不到地面，则无法获取数据。

冰与水的考验

在结冰气象条件下，飞机能不能安全地飞行，需要自然结冰试验来验证。在温度极低、湿度较高的区域飞行，水蒸气会在机翼表面结冰，结冰现象在平时看起来不起眼，可是会给飞机的气动外形带来极大的影响，会导致升力骤降、阻力上升，从而引发飞行事故。自然结冰试验就是专门找这样的环境来测试结冰条件下的飞行性能，检验飞机上的除、防冰设备能否抵御这样的结冰环境。

约 2.5 厘米厚的冰块

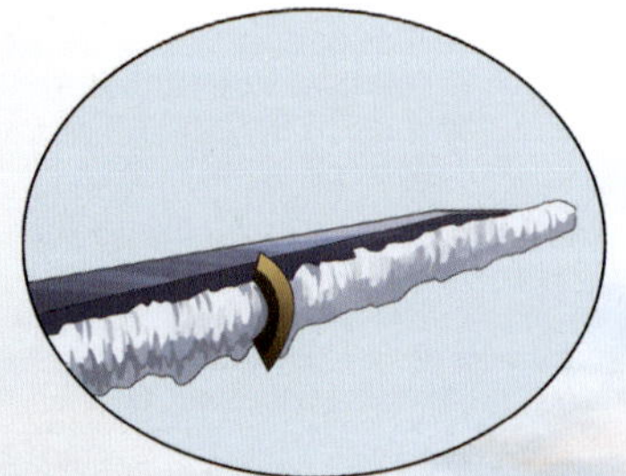

约 7.5 厘米厚的冰块

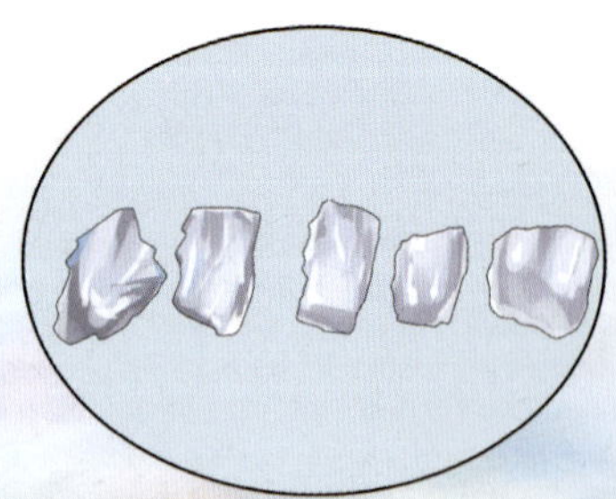

自然结冰试验后，从机头掉下来的冰块。

自然结冰试验

适合结冰的云层 ►

一眼望不到边的大面积云层，云层上方是碧空万里，“天欲雪”是自然结冰试验的最佳气象条件。在自然结冰试飞之前，气象飞机会追逐适合结冰的云层。

除了应对结冰的环境，在跑道上进行溅水试验也是很重要的。为了避免水溅到发动机而引起故障，以及“脚底”轮胎打滑等致使大飞机失控等情况，工程师们让大飞机开过积水环境，水花四溅。尽管大飞机像洗了个“澡”，但依然能运行正常，丝毫不受影响。

溅水试验

在水深 12.7 毫米，100 米长度的积水环境下，模拟飞机起落时的运行能力。

飞机的心脏——发动机

发动机是溅水试验中主要观察的对象，试验中工程师要判断发动机里是否有水溅进去，溅水后是否会推力下降，从而是否导致飞机性能的下降。

C919 大飞机破冰

在航行中那些避犹不及的环境，在试飞中反而成了资源，飞机进入结冰云层后，很快在飞机的缝翼处产生了 3 英寸(约 7.5 厘米)厚的冰，C919 大飞机带着冰做了大机动盘旋、副翼阶跃及失速试飞，并记录了飞机除冰装置开启后冰块脱落的全过程。

不会飞的“铁鸟”

“铁鸟”试验台是一架钢铁骨架的“飞机”，飞行员坐在“铁鸟”里开飞机就像坐在真飞机里一样，只不过“铁鸟”不能飞上天，但是真飞机拥有的如飞控、液压、起落架等系统，“铁鸟”也都等比例安装了，工程师们可以在“铁鸟”里研究飞机的性能和协调性，以及再现试飞过程中出现的问题。

▼ **“铁鸟”的驾驶舱**

其驾驶舱也和真实的飞机驾驶舱一样，推动油门台，发动机开始运行，飞机就会模拟向前，到达一定的数值之后，飞行员就可以把操纵杆拉起来，飞机抬头，就开始模拟起飞了。工程师们给“铁鸟”试验台注入单发故障，就可以复现高空的故障。

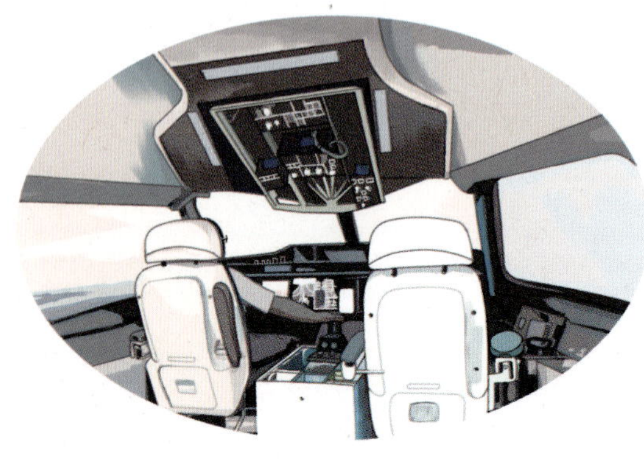

把问题留在地面解决，是“铁鸟”的使命。“铁鸟”虽然不会飞，但是几乎所有飞机首飞之前都会在地面试验一遍，确保各系统正常运转，解决设计过程中暴露的问题。一次次的模拟飞行，保障了真的大飞机翱翔天空。

模拟真实飞机

其飞控、液压、起落架等系统的物理位置、角度和接口都和真实飞机的一样。

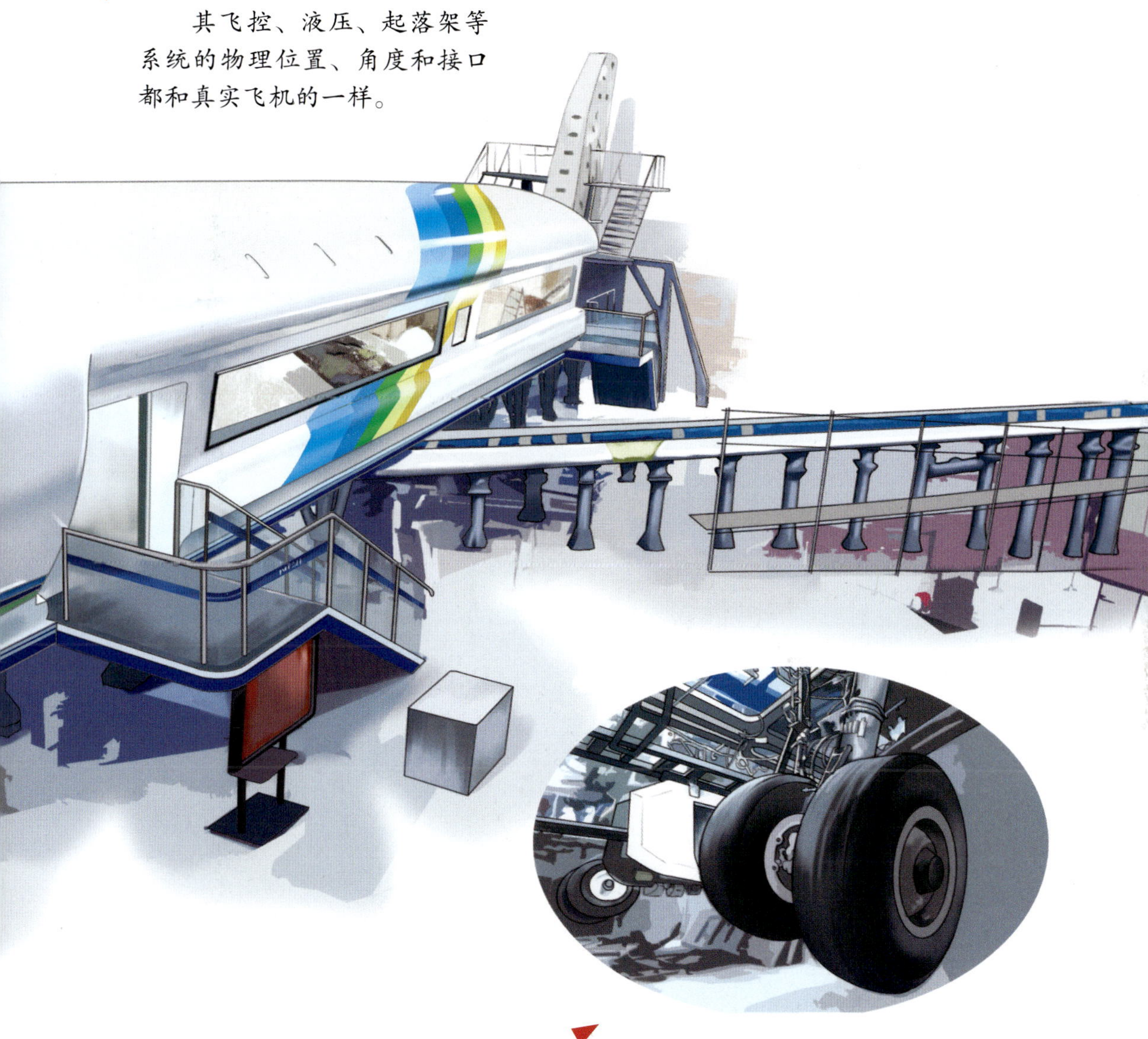

起落架

“铁鸟”也有“脚”，“铁鸟”的起落架可以正常收放。

智慧涂装

飞机在万米高空以每小时 1 000 千米的速度飞行，天气、温度、湿度等环境因素都有可能给飞机带来损伤，飞机涂装采用的航空喷漆具备极佳的耐热、耐磨、抗腐蚀性。但是航空喷漆含有很多对人体有害的物质，如重金属铬等，这就需要工程师们远程控制机器人去给飞机穿上美丽的衣服。

智能机器人

这是一款专门为国产大飞机而设计的智慧机器人，它像人类一样，拥有智慧的“大脑”、敏锐的“眼睛”和灵活的“手”等三大法宝。

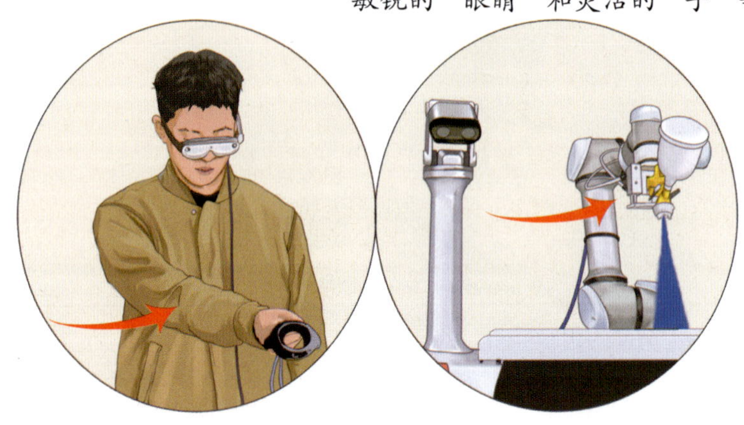

沉浸式操作机器人

当你戴上眼镜，就会沉浸其中，感觉自己就是机器人了。操作者能够看到机器人看到的画面，当操作者的视线和手移动的时候，机器人的视线和机械臂也跟着同步变化，使操作者有身临其境的感觉。

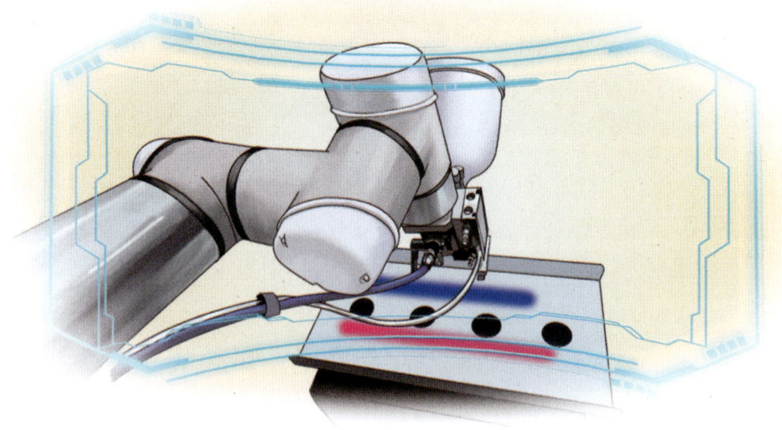

记录并独立完成同类喷漆工作

智慧的“大脑”

智慧的“大脑”是喷漆工作的第二个法宝。操作者能够收到现场信息，通过增强现实手柄，向机器人下达指令，机器人通过增强技术，让机械臂跟随手柄实时移动，这样就能实现操作者和机器人同步执行喷漆操作；同时，机器人会把操作过程记录下来，再有同样的操作，就能精准重复，独立完成喷漆工作了。

敏锐的“眼睛”

敏锐的“眼睛”是喷漆工作的第一个法宝。敏锐的视觉是通过双目立体相机实现的，它像人类的眼睛一样采集现场的立体画面，视频流通过5G网络快速传送到远端操作者头戴的增强现实设备中，让操作者在远处也能立体地感知现场的环境。

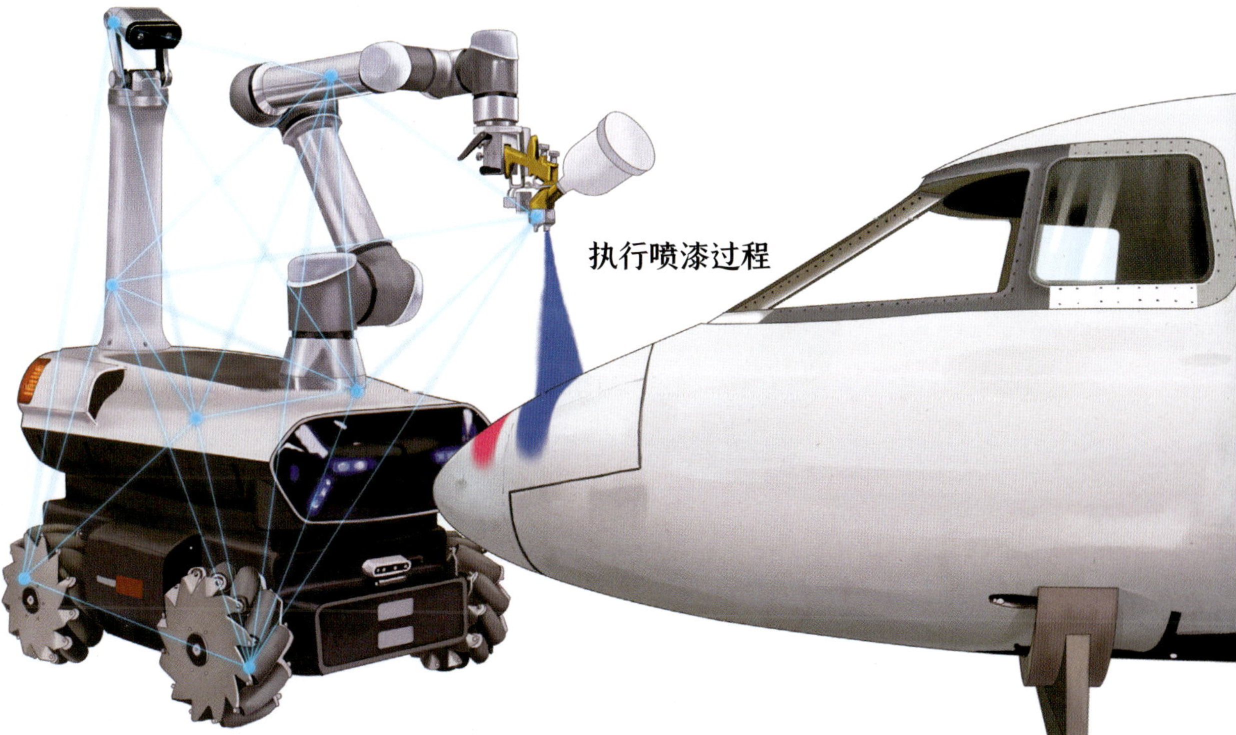

执行喷漆过程

灵活的“手”

灵活的“手”是第三个法宝。它运用位置控制系统和速度控制系统，提高了机械臂的速度和精准度，协同喷漆时，两边的误差可以控制在厘米级，使远程喷漆达到现场喷漆的精确度。

设计上的黑科技

C919是我国自行研制、具有自主知识产权的干线飞机，从机头、机身、机翼到翼吊发动机等设计均由中国自己的团队完成，实现了多项关键技术的攻关突破。

▼ **碳纤维应用**

筷子粗细的碳纤维T1000可以拉动两架C919飞机。

能生产细如发丝、轻如鸿毛、强如钢铁、贵如黄金、制造难度堪比芯片的碳纤维的国家屈指可数。碳纤维原液在压力作用下，经喷丝板被挤压成无数个细流，再经过多道工序才能制成高性能碳纤维。

碳纤维增强树脂基复合材料的用量，达到机体结构重量的11.5%；尾翼主盒段和后机身前段使用了先进的第三代中模高强碳纤维复合材料。

▲ **保护环境的减排设计**

在提倡节能减排的时代，C919绝对是一款绿色排放、适应环保要求的先进飞机。通过环保的设计理念，C919有望将飞机的碳排放量较同类飞机有所降低，从而减少对大气臭氧层的破坏。

四面式风挡玻璃设计

C919采用国际上先进的四面式风挡玻璃设计，四面式风挡的面积大，视野开阔。由于开口相对少，所以简化了机身的加工工艺，减少了飞机头部的气动阻力，但是由于工艺难度相对较大，飞机的机头需要重新吹风，优化风挡位置和安装角，同时该设计对机头受力和风挡间承力支柱强度提出了更高的要求。

减重的铝锂合金材质

C919大型客机采用的是第三代铝锂合金，机身蒙皮、长桁、地板梁、座椅滑轨、边界梁、客舱地板支撑立柱等部件都使用了该材质，其机体结构重量占比达到7.4%，获得综合减重7%的收益，在国际上处于领先水平。

颜值在线的 C919

“爷爷，我们的C919大飞机的机身颜色真好看。”小孙子感慨地说。“可不，爷爷也觉得怎么看都顺眼，用时髦的话说就是颜值在线！”爷爷笑呵呵地答。“爷爷，我们国家的大飞机为什么叫 C919 呢？”听着小孙子好奇的问话，爷爷回答道：“C 是 China 的首字母，也是中国商飞公司英文缩写‘COMAC’的首字母，9 是‘天长地久，经久不衰’的意思，19 是指最大载客量 190 人。”

航程	巡航速度	最大飞行高度	座级

4 075~5 555	0.78	12 131	158~192
千米	马赫（1 马赫为音速的 1 倍，空气中的音速约为 340 米 / 秒）	米	座

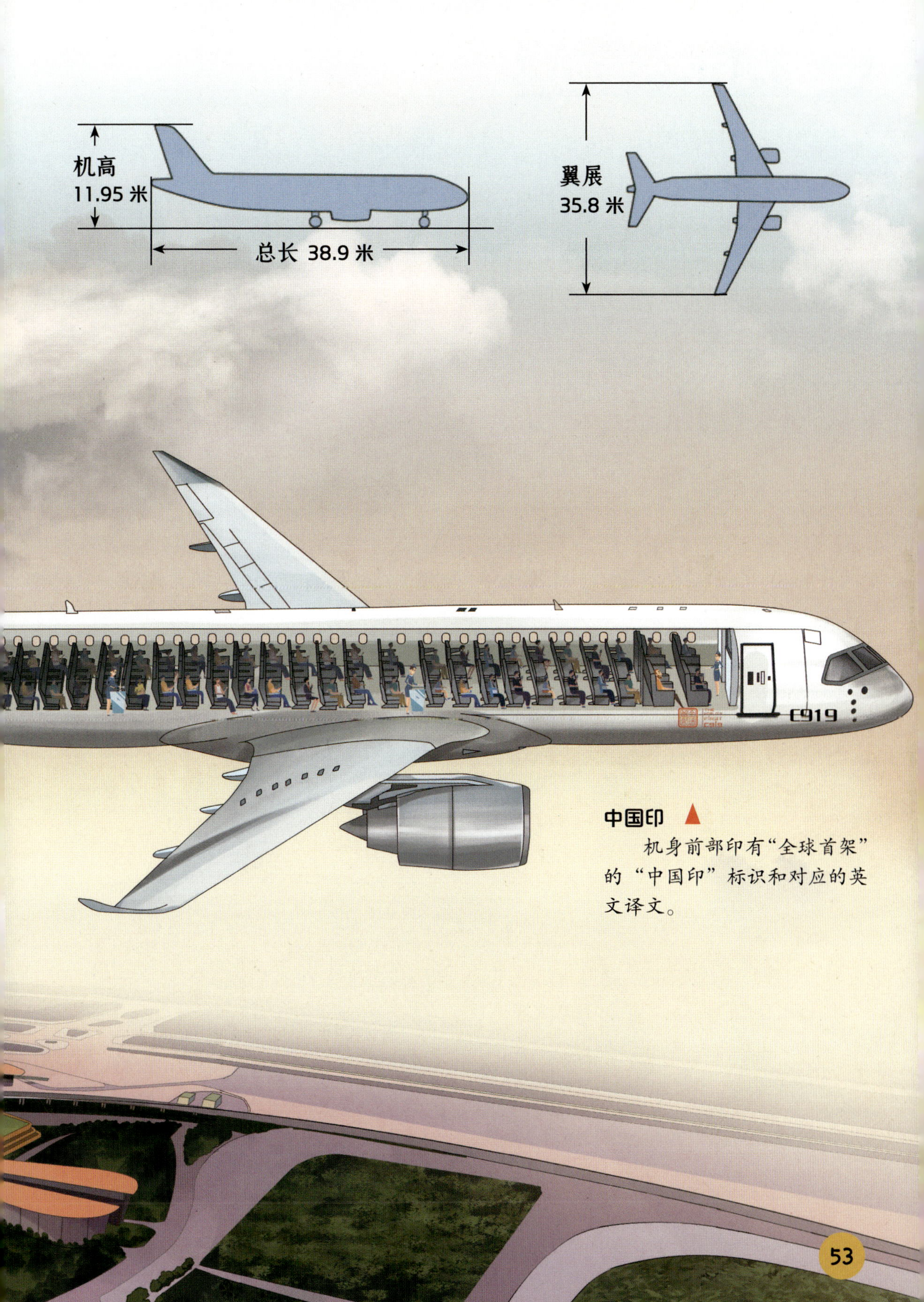

中国印 ▲

机身前部印有"全球首架"的"中国印"标识和对应的英文译文。

独特的内部设计

“C919 的客舱内饰、旅客座椅、机载娱乐系统都是独家定制的。”爷爷告诉小孙子。

C919 致力于打造一款乘客爱坐、飞行员爱飞的飞机，它的驾驶舱布局采用最新的现代客机风格，“静暗”设计为飞行员提供更加简洁、现代的人机交互界面，可以有效地降低飞行员的工作负荷，让飞行员驾驶操纵得更加舒适、安全、省心。

无线电磁指示器

可以作为导航用的仪器，确定飞机的位置。

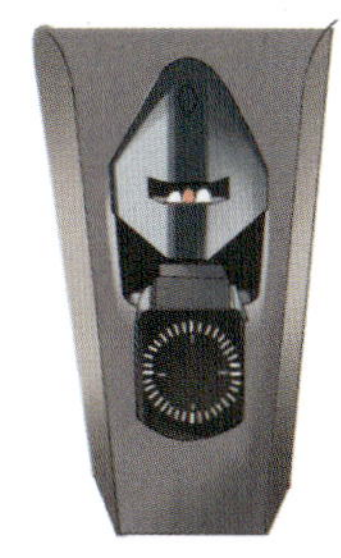

主飞行显示屏

4 块屏幕显示各种数据，比如飞机的飞行姿态、天气情况、油箱情况等。

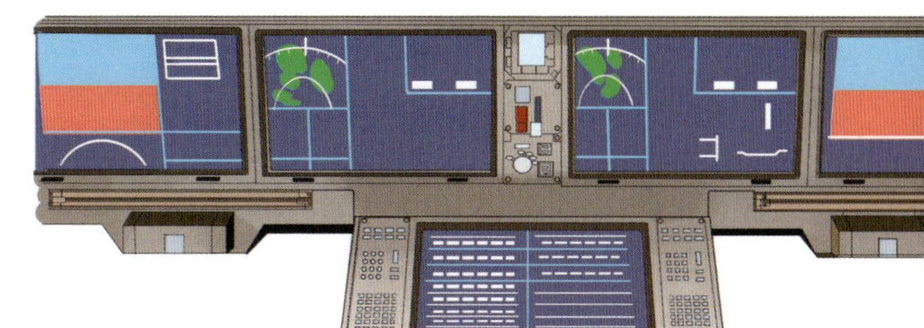

系统综合显示器

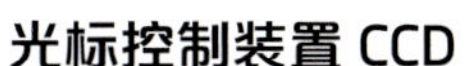

显示地面的指令等重要信息。

光标控制装置 CCD

相当于鼠标，通过动作控制器，看到显示器上有个光标在移动，输入数据可以直接在显示屏上进行操作。

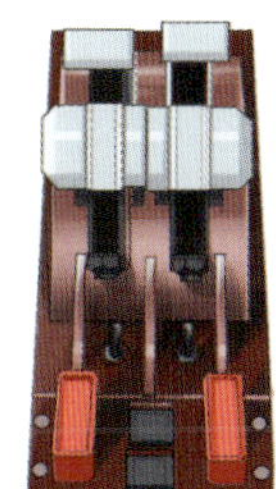

侧杆

侧杆是 C919 大飞机的一个创新点，以前的 ARJ21 是在中间有个杆，飞行员驾驶飞机时需双手握着操纵杆。在 C919 驾驶舱，飞行员可以单手控制操纵杆，进行飞机俯仰或者滚转。

舒适宽敞的客舱

舒适性是 C919 机舱设计的首要任务，首架机为 164 座两舱布局，有 8 座公务舱和 156 座经济舱。它的机舱座位采用单通道两边各 3 座的布局，经济舱特意将 3 联座的中间座位设计为比两边座椅宽 12.7 毫米，这种“中间座最宽”模式的经济舱座椅，有效缓解了坐在中间位置乘客的拥挤感，这样的设计更人性化，乘坐更舒适。

合理的过道高度和炫酷的照明

C919 客舱有 2.25 米的过道高度，圆弧顶设计使旅客能感受到舒适的顶部和前方视觉空间。行李架是下拉式的，对个子不高的小朋友也是很友好的。

C919 客舱内部照明采用 LED 照明和情景照明。客舱情景照明有 10 个情景模式，包括登机 / 离机、起飞 / 着陆、巡航、夜航、娱乐、正餐、日出、日落、彩虹、关闭模式，每个情景模式有独特的光色搭配，这种先进的环控照明设计，能提供给旅客更大的观察窗和更好的客舱空间舒适度。

人性化的盥洗室

盥洗室有婴儿护理台板和扶手，可以说“麻雀虽小，五脏俱全”。

“五福临门”餐

经济舱有款餐叫“五福临门”，主食是腊味煲仔饭，搭配三色水果拼盘、C919首航特色芒果布丁、航空公司自制的巧克力酥饼和牛奶。

舒适的靠枕

座椅上的靠枕可以根据客人的身高上下移动调整，乘坐更舒适。

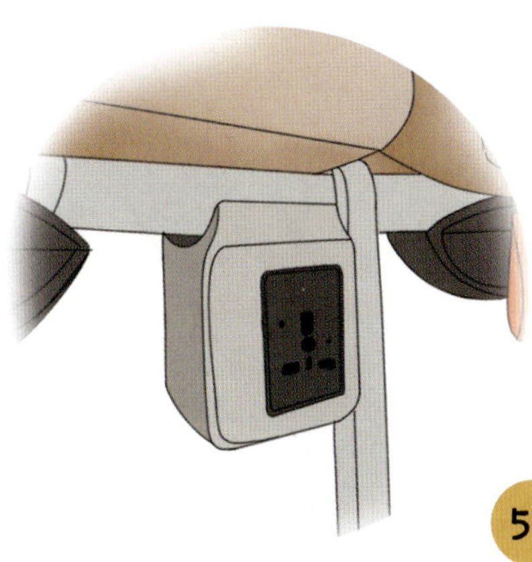

充电插头

座椅下面有充电插头，方便给移动设备充电。

“爷爷，未来我们还会有更大的飞机吗？”小孙子问道。“有啊，未开的 CR929 就是比 C919 更大的飞机。也许还会有 939、949、959 等，我们国产大飞机会越来越多。”爷爷回答道。

大飞机带动大产业

航空制造业被称为现代工业之花，大飞机的研发制造使我国掌握了民用飞机产业 5 大类、20 个专业、6 000 多项民用技术，这势必带动整个产业链的同步大发展。原材料、机械装备、电子及仪器、金融服务、民用航空、航空物流等相关产业都将迎来重大发展机遇。在未来，我国还将进一步提升大飞机的产业链、供应链水平。

C919 才刚上路，要走的路还很长。但有了良好的开端，我们就有理由期待未来。

你知道吗？

航空的“1235”计划

每个省拥有 3 个以上国际机场、5 个以上区域枢纽机场、10 个以上支线机场和 20 个以上县级机场，这就是我国的“1235”计划。

后记

“中国超级工程丛书”绘本版8本终得付梓，手抚书稿，却觉编纂之路仍任重道远。我们立志重磅打造含48本的丛书，从桥梁、港口、航空航天、高铁、能源、道路、车辆等各个领域展现我国超级工程与大国重器，展现一幅波澜壮阔的工程画卷。

俯瞰神州大地，纵贯山河的“超级工程”星罗棋布，中国名片成色十足。且看中国桥梁，港珠澳大桥宛如海中卧龙，五峰山大桥变天堑为通途，北盘江大桥、矮寨超级悬索桥横跨深谷幽壑，它们各展雄姿；中国港口，上海洋山港填海而建，青岛港自动化领先，广州港千年兴盛，宁波港后来居上，这些港口犹如经济的晴雨表；航空航天方面，长征系列运载火箭、神舟系列飞船使中国载人航天一飞冲天，“嫦娥”探月弥补千年遗憾，天问一号奔赴火星深空探测，从天宫一号到长期有人驻守的空间站，中国航天恰似大鹏扶摇直上；中国高铁从百年前的京张铁路发展到如今的智能京张高速铁路，从饱受质疑到引领世界，冲破技术封锁，风驰电掣；而中国盾构，从最初的中铁一号发展至今，海宏号穿梭于大海之下、蒙华号奋进于黄土之中、春风号穿行于繁华城市之下，成为人们引以为傲的国之重器……

在编纂过程中，我们时而为精妙的工程设计拍案叫绝，时而被无数工程师和科学家的默默付出深深感动。这些情感融入字里行间，赋予每本书温暖的底色。编纂这套丛书，从初稿成型，到逐步修改雕琢，编著者和专家们字斟句酌，幕后团队携手“保驾护航”，每一次修改，皆倾注众人的心血与期待，终盼来付梓曙光。如今，“中国超级工程丛书”绘本版持续出版中，路在脚下，任重而道远，愿这套书成为孩子们心中永不磨灭的星光。